Zamzam Elsharif
Ali Abdulsalam Gibreel

Fabrico e estudo das propriedades mecânicas dos tipos de vidro E

Zamzam Elsharif
Ali Abdulsalam Gibreel

Fabrico e estudo das propriedades mecânicas dos tipos de vidro E

ScienciaScripts

Imprint

Any brand names and product names mentioned in this book are subject to trademark, brand or patent protection and are trademarks or registered trademarks of their respective holders. The use of brand names, product names, common names, trade names, product descriptions etc. even without a particular marking in this work is in no way to be construed to mean that such names may be regarded as unrestricted in respect of trademark and brand protection legislation and could thus be used by anyone.

Cover image: www.ingimage.com

This book is a translation from the original published under ISBN 978-620-2-02150-0.

Publisher:
Sciencia Scripts
is a trademark of
Dodo Books Indian Ocean Ltd. and OmniScriptum S.R.L publishing group

120 High Road, East Finchley, London, N2 9ED, United Kingdom
Str. Armeneasca 28/1, office 1, Chisinau MD-2012, Republic of Moldova, Europe
Printed at: see last page
ISBN: 978-620-7-84651-1

Em nome de Deus, Clemente, Misericordiosíssimo.

Aos irmãos dos meus mártires, Faraj e Omer Elsharif

إلى أخوتي الشهداء فرج وعمر الشريف

À minha família e à alma do meu tio (Abdullah).

"إلى أســــــرتــــي والمغفورله بأذن الله عمي عبدالله جبريل سالم"

RESUMO

Este livro apresenta um estudo experimental de um material compósito para comparação de algumas propriedades mecânicas dos tipos de vidro E. Este estudo baseou-se em dois métodos. O primeiro método baseia-se em técnicas de fabrico por estratificação do laminado, enquanto o segundo método foi desenvolvido para avaliar a tensão de resistência, a dureza, a tenacidade e a caraterística tensão-deformação do material compósito. O material de fabrico do compósito foi fibra de vidro E de roving tecido a $[0°/90°/\pm45°]_s$, $[\pm30°/\pm60°]_s$ e tapete cortado reforçado com resina de poliéster. Todos os espécimes fabricados foram submetidos a ensaios mecânicos, como o ensaio de tração, o ensaio de dureza de Reckwell e o ensaio de impacto.

Foram utilizados dois tipos de fibras para estudar as propriedades mecânicas e a sua comparação durante os ensaios dos espécimes. As curvas tensão-deformação foram avaliadas a partir do computador de base de dados.

Verificou-se que uma boa propriedades mecânicas de resultados experimentais em testes. Além disso, verificou-se que as técnicas de fabrico por estratificação descrevem bem a microestrutura.

AGRADECIMENTOS

Em primeiro lugar, gostaria de agradecer à minha família pelo seu apoio e paciência durante o meu estudo.

Gostaria então de expressar a minha maior gratidão e apreço ao Dr. MusbahKharis pelos seus valiosos conselhos e pelo seu encorajamento e esforços despendidos na revisão deste livro.

Além disso, gostaria de agradecer a todo o pessoal da Faculdade de Engenharia-Misurata.

Os meus agradecimentos especiais vão para as empresas que me permitiram realizar as experiências.

Por último, gostaria de agradecer ao **Dr. Bashir Gallus** e ao meu amigo **Hassan Shamia** pela sua ajuda e apoio.

PREFÁCIO

INTRODUÇÃO

Este livro tem como objetivo apresentar o método de fabrico do material compósito para estudar as propriedades mecânicas. Isto requer a realização de um estudo experimental para exaltar o ensaio de tração, o ensaio de dureza, o ensaio de impacto e outros parâmetros relacionados com o desempenho dos espécimes de fabrico, tais como o laminado de espessura de fabrico.

Este livro apresenta os resultados dos estudos de investigação realizados na Libyan Iron and steel Company (LISC) e nos laboratórios da Faculdade de Engenharia da Universidade de Misurata no período entre julho de 2016 e dezembro de 2016. O conteúdo do livro é original, exceto quando é feita referência específica a trabalhos de outros.

ABORDAGEM

Neste livro, são apresentadas as técnicas de fabrico com materiais compósitos, incluindo a investigação experimental para avaliar as curvas tensão-deformação, a tenacidade e a dureza, bem como os modos de falha. No capítulo 1, é apresentado o tema do livro, incluindo a importância da utilização dos materiais compósitos, os materiais utilizados nos materiais compósitos e os métodos de falha dos materiais compósitos.

A revisão da literatura sobre materiais compósitos é analisada no Capítulo 2. Isto inclui métodos de ensaio e métodos diferenciados para utilizar fibras e resina em materiais compósitos. O programa de experiências inclui o fabrico do laminado de reparação e a metodologia dos ensaios, que são descritos no Capítulo 3. Os resultados e a discussão das curvas tensão-deformação, tenacidade, dureza, modos de falha e análise são apresentados no Capítulo 4. No Capítulo 5, são tiradas conclusões na secção 5.1 e são sugeridas ideias para trabalhos futuros na secção 5.2

NOVO NESTE LIVRO

As técnicas de fabrico de materiais compósitos foram aplicadas pela primeira vez nos laboratórios da minha faculdade através do método de estratificação. Além disso, foram comparadas algumas propriedades mecânicas do mesmo tipo de fibra de vidro E para roving tecido e tapete cortado.

ÍNDICE DE CONTEÚDOS

CAPÍTULO 1

INTRODUÇÃO

Este capítulo apresenta a importância das utilizações dos materiais compósitos, que são respetivamente utilizados no fabrico dos materiais compósitos, juntamente com o método de falha dos materiais compósitos.

1.1. A importância das utilizações dos materiais compósitos

Os sistemas tubulares metálicos podem ser afectados por corrosão interna ou externa ou por quaisquer outros efeitos mecânicos que resultem em danos substanciais nos sistemas. Estes danos levam ao encerramento da fábrica, à perda de produção e, consequentemente, ao aumento dos custos de manutenção. Existem opções gerais que podem ser utilizadas para resolver o problema mencionado, quer através de substituição, desclassificação ou reabilitação. A escolha depende claramente da gravidade do problema e dos aspectos económicos da opção. A substituição e a desclassificação são consideradas opções dispendiosas **(Mableson et al, 2000; Frost, 2005 e Zamzam, et al, 2008)**.

A reabilitação é a mais económica e tem sido alvo de um interesse considerável. A reparação pode ser efectuada a quente ou a frio, dependendo da situação da instalação ou do sistema. O trabalho a quente pode ser realizado através da soldadura tradicional por arco elétrico ou por soldadura a gás, como mostra a Fig. 1.1. No entanto, o processo de soldadura exige o encerramento da instalação, o isolamento e a desmontagem das condutas danificadas e a sua deslocação para a oficina para a soldadura. Além disso, necessita de procedimentos técnicos de soldadura, soldadores muito qualificados, instaladores e muitas ferramentas, tais como gruas, máquinas de soldadura, alimentação eléctrica, eléctrodos, etc.

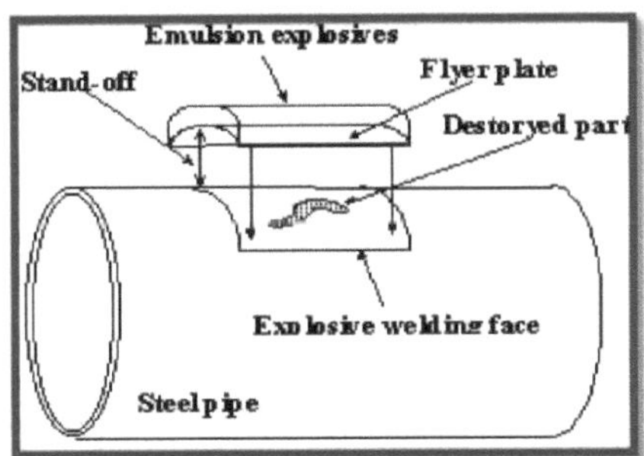

Figura 1.1-a: mostra a penetração da calda de gel.

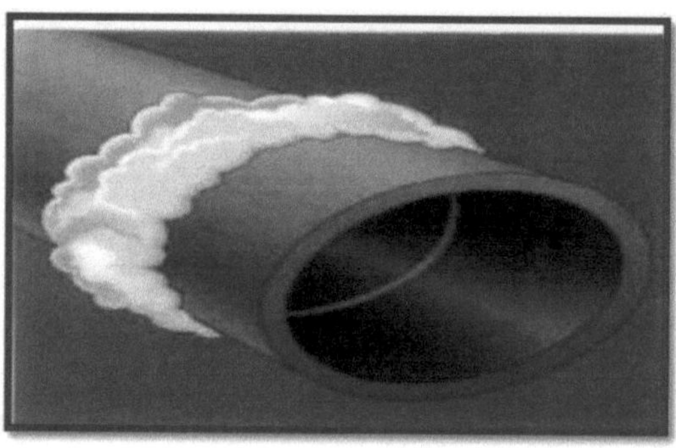

Figura 1.1-b: mostra o esquema de aplicação da soldadura explosiva.

O trabalho a frio é o método mais comum para a reparação de tubagens danificadas, uma vez que não requer o encerramento da fábrica, máquinas especiais, fornecimento de eletricidade ou mesmo pessoal qualificado. Além disso, é seguro aplicá-lo em sistemas de tubagem danificados em instalações sensíveis, tais como refinarias, fábricas de gás e instalações petroquímicas. Um dos trabalhos a frio mais atractivos é a utilização da tecnologia de compósitos através da reparação por sobre-envolvimento ou reparação colada, em que várias camadas de tecido de fibra impregnado são deformadas sobre a área danificada **(Frost e Lee, 2003)**.

A utilização de tubos de plástico reforçado com fibra de vidro (PRFV) difundiu-se nas indústrias química, petrolífera, do gás e outras relacionadas com a energia devido à sua leveza, resistência à corrosão, durabilidade, facilidade de instalação e baixo custo de vida útil **(Frost, 1998 e Gibson, 2000)**.

A utilização de materiais compósitos tem-se difundido em muitos domínios, como aviões, sistemas de tubagem, automóveis, equipamento desportivo e médico, bem como equipamento militar.

Nos últimos anos, foram estabelecidos métodos de reparação utilizando materiais compósitos para muitas aplicações. Estas aplicações incluem tubos de aço e os seus acessórios, tais como juntas (T), cotovelos, recipientes sob pressão, etc. Os principais desafios de conceção do tubo de reparação dependem do cálculo do campo de tensões local em torno do defeito e do comprimento limitado da reparação **(Frost e Lee, 2003; Simon e Richard, 2003)**.

1.2. Materiais utilizados no fabrico de materiais compósitos

Os materiais compósitos utilizados no fabrico contêm apenas fibras de reforço e um sistema de resina que são explicados a seguir.

1.2.1 Fibras de reforço

Existem muitos tipos de fibras utilizadas para aplicações de estratificação. Os principais critérios de seleção são que as fibras devem ter boas propriedades mecânicas e ser resistentes à temperatura de processamento. Atualmente, três tipos de fibras de reforço são de uso comum em compósitos de matriz polimérica, nomeadamente, fibras à base de carbono ou grafite, fibras à base de vidro e fibras poliméricas sintéticas, como o Kevlar. Os blocos básicos para a construção destas três fibras são o carbono, o silício, o oxigénio e o azoto, que se caracterizam por fortes ligações covalentes inter-atómicas, baixa densidade, estabilidade térmica e relativa abundância na natureza **(Hyer, 1998)**.

1.2.1.1. Fibra de carbono

As fibras de carbono são caracterizadas por uma combinação de peso leve, elevada resistência e elevada rigidez. Todas as fibras de carbono são fabricadas por pirólise de fibras precursoras orgânicas numa atmosfera inerte. A temperatura de pirólise pode variar entre 2012T e 5432T (1000°C e 3000°C), sendo que temperaturas de processo mais elevadas conduzem geralmente a fibras de maior módulo. Apenas três materiais precursores, celulose, poliacrilonitrilo (PAN) e breu, alcançaram importância na produção comercial de fibras de carbono.

Existem dois tipos básicos de fibras de carbono: fibras de alta resistência e fibras de alto módulo: Os filamentos de fibras de carbono têm uma baixa densidade e elevadas propriedades mecânicas, o que lhes confere propriedades específicas muito boas **(Hyer, 1998)**. A fibra de carbono também tem um diâmetro mais pequeno do que a fibra de vidro; tipicamente 7-10pm **(Mazumdar; 2002)**.

1.2.1.2. Fibra de vidro

Considera-se que as fibras de vidro têm um desempenho um pouco inferior ao das fibras de grafite, principalmente porque as fibras de vidro existem há vários anos e, de uma forma ou de outra, aparecem em equipamentos de parques infantis, artigos recreativos, tubagens para produtos químicos corrosivos e muitas outras aplicações comuns. Além disso, o custo das fibras de vidro é consideravelmente mais baixo do que o das fibras à base de carbono. A sílica, S_iO_2 , constitui a base de quase todos os vidros comerciais. Além disso, existem muitos tipos de vidros que dependem das suas aplicações.

a. Fios de tecido

A mecha tecida é muito semelhante ao tecido, exceto que é muito mais pesada e tecida de forma diferente, como mostra a Fig (1.2-a). Assemelha-se muito a uma cesta de tecelagem com feixes pesados de fios não torcidos de fibras de vidro tecidos frouxamente em ângulos rectos, de modo a que haja relativamente muito espaço entre os feixes individuais de fios. Estes espaços permitem que a resina flua e se molhe mais facilmente para fora do roving. A quantidade de resina necessária para impregnar a mecha tecida é aproximadamente igual ao seu próprio peso.

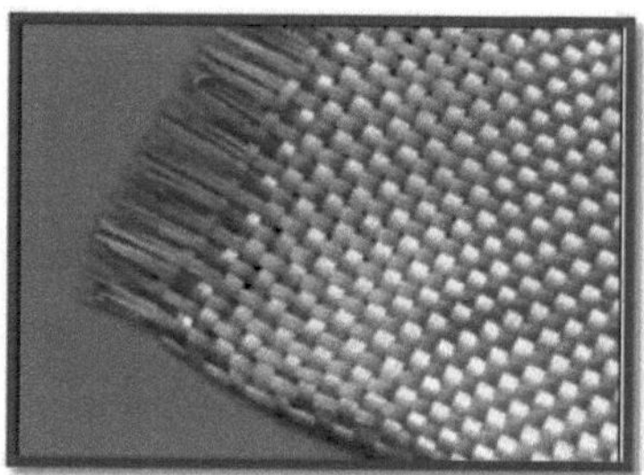

A figura (1.2-a) mostra a fibra de vidro da mecha tecida.

O roving tecido é mais forte do que o tapete de fios cortados (CSM) em todos os aspectos e deve certificar-se de que o casco de fibra de vidro contém uma quantidade proporcional considerável deste material. Este material é a verdadeira carne do seu laminado de fibra de vidro e é vendido em vários pesos por jarda quadrada ou metro quadrado. A mecha tecida está disponível de 8 oz. por jarda quadrada [270 g/m 2] a 27 oz. por jarda quadrada [900 g/m 2], com uma variedade de pesos intermédios. É fornecida numa série de padrões de tecelagem, tais como, bi-direcional, unidirecional, biaxial, tri-axial, duplo viés e tecidos especialmente cosidos. Os roving tecidos nunca devem ser laminados uns aos outros, sem uma camada de tapete de fios cortados entre eles **(Roger, 2010)**.

b. Tecidos combinados

Alguns tecidos de fibra de vidro estão disponíveis com uma fina camada de tapete já aplicada. Isto faz com que seja um tecido fácil de instalar", especialmente para colocação manual, uma vez que pode ser aplicado mais rápida e uniformemente do que camadas separadas de tapete e roving. Deve consultar o seu fornecedor local de fibra de vidro para ver qual destes materiais é recomendado para a utilização pretendida.

c. Tecido de fibra de vidro

Os reforços tecidos são geralmente classificados como tecidos ou mechas tecidas, como se mostra na Fig. 1.2-b). Os tecidos são mais leves e requerem mais camadas para atingir uma determinada espessura. A sua utilização na construção naval limita-se normalmente a pequenas peças e reparações ou ao revestimento de contraplacado, geralmente com resina epóxida. Estão disponíveis numa variedade de pesos por jarda quadrada ou em gramas por metro.

O tecido de fibra de vidro é utilizado principalmente como material de revestimento. Combinado com uma resina epóxi adequada, este tecido de vidro pode proporcionar uma excelente proteção ao seu barco de contraplacado ou de madeira, onde pode ser utilizado em todas as superfícies exteriores, incluindo o casco, o convés e a superestrutura.

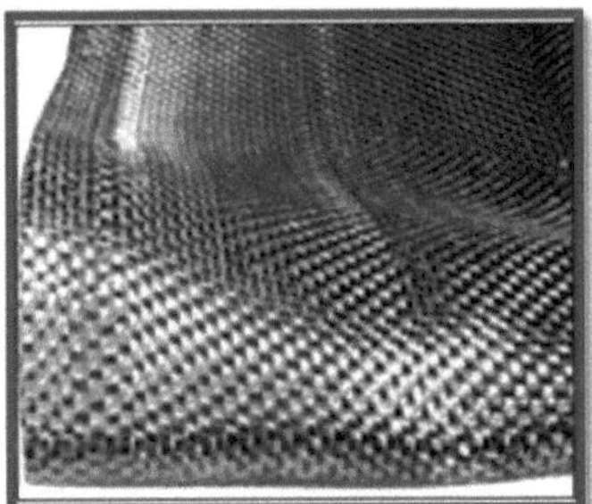

A figura (1.2-b) mostra a fibra de vidro do tecido

d. Fio contínuo

Este material assemelha-se a uma bobina de corda leve e é utilizado com uma máquina de depósito de fibra de vidro (pistola de corte), daí o nome alternativo "gun roving". Ao longo dos anos, o preço mais baixo e a disponibilidade destas pistolas fizeram com que valesse a pena considerar a sua utilização, mesmo que esteja a construir um único barco. Receberá sempre o seu dinheiro de volta quando o barco estiver terminado e, por um gasto modesto, poupa muito tempo e despesas no processo.

Utilizando uma pistola de depósito, o roving contínuo é cortado em comprimentos curtos (como o CSM) e depositado pela pistola, que também mistura a resina e o catalisador. Todos se juntam à medida que saem da cabeça da pistola e são pulverizados simultaneamente sobre o trabalho. O resultado é um tapete de fios cortados de aplicação rápida. Esta mesma pistola também pode ser utilizada apenas como depositador de resina, para humedecer as camadas alternadas de roving ou tecido. Este é o procedimento utilizado para a moldagem de produção, mas é igualmente adequado para barcos moldados com macho. Se estiver a pensar em utilizar um molde fêmea ou em colocar o seu casco utilizando os métodos de "Construção de painéis", então a pistola chopper e o roving contínuo podem ser um ótimo investimento.

A figura (1.2-c) mostra a fibra de vidro de roving contínuo

e. Tapete de fios cortados

A figura (1.2-d) mostra que o tapete de fios cortados é literalmente constituído por fios curtos cortados, por vezes descritos como fibras descontínuas aleatórias (com cerca de 37 mm de comprimento) e mantidos juntos com um aglutinante resinoso solúvel. O CSM está disponível em vários tipos e pesos a partir de % oz. por pé quadrado [225 gramas por metro quadrado] para cima; no entanto, 1 1/2 oz. [450 g/m 2] e 2 oz. [600 g/m 2] são os pesos mais frequentemente indicados pelos projectistas e fabricantes de barcos. Nas nossas próprias listas de materiais, dizemos simplesmente 1 1/2 oz. Mat [450 g/m 2] e assim por diante. O CSM pode ser utilizado como um "bulk builder" num laminado onde é necessário um aumento de volume mas sem grande resistência. Num laminado, devem ser utilizadas camadas de CSM entre camadas de mechas tecidas como almofada para promover uma boa ligação e onde a resistência (ou falta de) do CSM é complementada pela resistência da mechas. A quantidade de resina necessária para impregnar o CSM é aproximadamente 2 1/2 vezes o peso do tapete.

A figura (1.2-d) mostra a fibra de vidro do tapete de fios cortados

As quatro composições de vidro predominantes utilizadas para formar fibras de vidro contínuas são

O tipo A, um vidro de cal sodada, foi o primeiro a ser utilizado e ainda é conservado para algumas aplicações menores.

O tipo (E), um vidro borossilicatado, foi desenvolvido para uma melhor resistência ao ataque da água e a concentrações químicas ligeiras.

Relativamente ao tipo (E), o vidro do tipo (C) tem uma durabilidade muito superior quando exposto a ácidos e álcalis.

A maior resistência e rigidez do vidro tipo (S) torna-o uma escolha natural para utilização em aplicações de alto desempenho **(Hyer, 1998)**.

As fibras de vidro são fabricadas por um processo de fusão direta utilizando areia de sílica, calcário, espatoflúor, ácido bórico e argila **(Mazumdar, 2002)**.

1.2.1.3 Fibras poliméricas

Utilizando fibras poliméricas num método de processamento adequado, podem apresentar elevada resistência e rigidez. Isto acontece em resultado do alinhamento das cadeias de polímeros ao longo do eixo da fibra. O Kevlar é talvez a fibra de polímero mais comum **(Hyer, 1998)**. Existem três tipos de fibras de Kevlar: As fibras de Kevlar proporcionam uma excelente resistência à abrasão num compósito, mas são pobres em compressão **(Mazumdar, 2002)** e conhecidas como poliamida aromática poli (parafenileno tereftalamida). Estes incluem copoliésteres aromáticos, polímeros heterocíclicos aromáticos como o poli (benzobisoxazole) (PBO), e uma nova classe, as poliimidas. As fibras de poliimida, como a Avimid, terão uma vasta aplicação devido à sua elevada temperatura máxima de utilização >300°C **(Hyer, 1998)**.

1.2.2. Sistemas de resina

Os sistemas de resina têm várias tarefas **(Hull, 1981; Hyer, 1998 e Mazumdar, 2002)**, tais como:

Transferir e distribuir a carga aplicada à fibra.

Unir as fibras e mantê-las na posição correcta.

Proteger a fibra de danos mecânicos, como a abrasão.

Proporcionam uma boa proteção contra ataques químicos e ambientais.

Por conseguinte, as matrizes que são utilizadas para realizar as tarefas acima referidas devem ter as seguintes características

Boas propriedades mecânicas e químicas.

Boa resistência ao calor, à corrosão e à humidade.

Elevada deformação até à rotura para poder transferir cargas para as fibras.

Elevada força de adesão às fibras.

Elevada tenacidade.

Baixa viscosidade para o enrolamento de filamentos húmidos.

A baixa viscosidade promove uma boa humidificação das fibras e reduz a fricção sobre as guias.

Os polímeros são compostos por longas moléculas de ligações em cadeia, constituídas por muitas unidades simples repetitivas. Os polímeros fabricados pelo homem são designados por resinas sintéticas. Os polímeros podem ser classificados em termoplásticos e termoendurecíveis de acordo com o efeito do calor no seu processamento e propriedades. No presente trabalho, apenas foram estudadas as matrizes termoendurecíveis.

1.2.2.1. Termoendurecível

As matrizes termoendurecíveis são formadas a partir de uma reação química no processo, em que a resina e o catalisador (endurecedor) são misturados e, em seguida, são submetidos a uma reticulação química não reversível que leva à formação de uma rede tridimensional fortemente ligada. A reticulação é normalmente formada durante a cura, quando o compósito está a ser produzido **(Powell, 1983)**. Tornaram-se populares por várias razões, incluindo a baixa viscosidade da massa fundida, a boa impregnação das fibras e as temperaturas de processamento bastante baixas. O seu custo é também inferior ao das resinas termoplásticas **(Hyer, 1998)**. Existem muitos tipos diferentes de resinas utilizadas na indústria de compósitos: epóxi, poliéster, viniléster e resinas fenólicas. Tem havido um interesse crescente na utilização de matrizes termoendurecíveis **(Gibson et al., 2003)**. Estudam medições de tensão-deformação bi-axiais em tubos de fibra de vidro enrolados em filamentos com matrizes de epóxi, fenólica e viniléster. **(Mableson et al 2000)** estudaram a renovação de tubos tubulares de aço utilizando viniléster com fibra de vidro. Recentemente **(Zamzam et al, 2008) estudaram** a reparação de tubos de aço utilizando poliéster com fibra de vidro E.

a. Resinas epoxídicas

São a escolha predominante para o mercado de materiais compósitos avançados. São populares devido às suas excelentes propriedades mecânicas, à sua relação de propriedades mecânicas quando operam em ambientes quentes e húmidos e à sua boa resistência química. Possuem também uma boa estabilidade dimensional, são facilmente processadas, de baixo custo e apresentam uma boa adesão a uma variedade de fibras. A resina epóxi mais comum baseia-se na reação da epicloridrina e do bisfenol (A) **(Hyer, 1998)**.

b. Resina de poliéster

As resinas de poliéster são o sistema de resina mais utilizado em todos os processos de compósitos. Esta ampla utilização está provavelmente relacionada com o seu baixo custo e com as suas propriedades mecânicas adequadas e durabilidade ambiental. As resinas de poliéster são oligómeros insaturados dissolvidos num monómero que é normalmente o estireno. É habitual referir-se aos poliésteres insaturados como resina de poliéster ou simplesmente como poliésteres. O solvente estireno desempenha a função vital de permitir que a resina cure do estado líquido para o estado sólido através da reticulação da cadeia molecular do poliéster.

Existem vários tipos de poliéster; os mais comuns são o ortoftálico e o isoftálico. As resinas de poliéster ortoftálicas são utilizadas como resinas económicas padrão para fins gerais. Têm uma resistência à corrosão relativamente fraca e propriedades mecânicas inferiores. São utilizadas apenas em aplicações estruturais em que a resistência à corrosão não é aplicável. Por outro lado, os poliésteres isoftálicos estão a tornar-se a resina preferida em indústrias como as aplicações marítimas e as indústrias petrolíferas.

C. Resinas de viniléster

As resinas de viniléster, tal como os poliésteres, são oligómeros insaturados dissolvidos em estireno e podem ser curadas pelo mesmo catalisador. O componente oligomérico é obtido através da reação de di-epóxi (DGEBPA) com ácido acrílico ou metacrílico. Os vini,ésteres têm uma estrutura semelhante à da resina epoxídica e, por conseguinte, estão quimicamente próximos dos poliésteres insaturados e dos epóxis. O seu custo é mais elevado do que o das resinas de poliéster. Têm uma resistência à corrosão e propriedades mecânicas superiores. São utilizadas em algumas aplicações resistentes à corrosão, especialmente em aplicações marítimas **(Macinally e Miller, 1998)**.

d. Resinas fenólicas

As resinas fenólicas têm potencial para serem utilizadas como matrizes em tubagens compósitas, especialmente em aplicações sensíveis ao fogo, como as tubagens de água contra incêndios, devido às suas boas propriedades a altas temperaturas e à baixa emissão de fumo **(Gibson, 2000)**. A química de muitas resinas fenólicas, que frequentemente envolve a evolução da água durante a cura, pode resultar em matrizes algo frágeis que contêm micro-vazios.

Também pode haver problemas de compatibilidade com a ligação a certos produtos de fibra de vidro. Recentemente, alguns dos problemas das resinas fenólicas foram ultrapassados com o desenvolvimento da liga fenólica modificada com siloxano (PSX) pela Ameron International **(Folkers et al, 1997)**. As resinas fenólicas são produzidas por reação química entre fenóis e formaldeído.

Existem dois tipos de resinas fenólicas: as resinas fenólicas resole e as resinas fenólicas novolac; A resina fenólica resole é formada pela reação do fenol com um excesso de formaldeído na presença de um catalisador alcalino. O aquecimento das resinas provoca a formação de ligações cruzadas através do grupo metilol ou de vias mais complexas. A reação entre o fenol e o formaldeído forma a resina resole **(Birley e Schott, 1982)**. As resinas novolak são formadas pela reação do formaldeído com um excesso de fenol na presença de um catalisador ácido.

1.2.2.2.   Termoplástico

Os termoplásticos não são reticulados e, por isso, são flexíveis e reformáveis. Amolecem com o aquecimento e, eventualmente, fundem e endurecem novamente com o arrefecimento. Este processo de atravessar o ponto de amolecimento ou de fusão na escala de temperatura pode ser repetido tantas vezes quantas as desejadas, sem qualquer efeito apreciável nas propriedades do material em qualquer dos estados. Existem mais de 50 tipos de estruturas termoplásticas e mais de 10000 qualidades específicas que são comercialmente viáveis. Estes tipos e graus são classificados, com base na sua estrutura química, em vários grupos, incluindo: poliolefinas, estirénicos, vinílicos, acrílicos, fluoropolímeros, poliamidas, poliimidas, poliéteres e termoplásticos com enxofre **(Muzzy, 2000)**. As resinas termoplásticas não foram estudadas no presente trabalho.

Tem havido um interesse crescente na utilização de matrizes termoplásticas **(Derham e Thomson, 2003),** estudando os mecanismos de explosão e os fenómenos relacionados com os termoplásticos. Estudos teóricos e experimentais sobre o comportamento mecânico de tubos termoplásticos enrolados em filamentos foram efectuados por **(Gibson et al, 2000)**. **(Zubaidy et al, 2000)** estudaram a impregnação e a tecelagem de fitas pré-impregnadas de vidro-polipropileno em folhas para utilização como precursor de compósitos termoplásticos prensados.

Existem dois tipos de resinas termoplásticas: amorfas e cristalinas; os termoplásticos amorfos apresentam um elevado grau de emaranhamento das cadeias poliméricas, que actuam como ligações cruzadas. Após o aquecimento, as cadeias desemaranham-se e a resina torna-se um fluido viscoso. A resina pode então ser formada e subsequentemente arrefecida para solidificar a peça.

Termoplástico cristalino; apresenta um elevado grau de ordem e alinhamento molecular. Quando aquecida, a fase cristalina derrete e a resina reverte para um líquido viscoso amorfo. Na prática, os termoplásticos que exibem um comportamento cristalino são, na verdade, semi-cristalinos, com a presença de fases amorfas e cristalinas **(Hyer, 1998)**.

1.3. Métodos de rotura dos materiais compósitos

O laminado compósito ligado pode falhar sob dois tipos de danos: o primeiro tipo de dano muitas vezes não leva à falha total, mas causa danos adicionais antes da falha catastrófica, que envolvem microfissuras na matriz; o segundo tipo de dano que envolve delaminação, infiltração e quebra de fibras, levando à falha catastrófica.

1.3.1 Defeitos de fabrico

Existem muitos tipos diferentes de defeitos de fabrico: vazios, delaminação, fissuração induzida por tensões residuais, inanição de resina, bolsas ricas em resina, fibras danificadas, descolamento fibra-matriz e decomposição térmica (Hyer, 1998). Os vazios são extremamente prejudiciais para o desempenho mecânico dos materiais compósitos. O seu efeito no desempenho estrutural foi amplamente estudado no passado. Por várias razões, os vazios podem ser criados durante o processamento. As bolsas de ar podem ficar presas durante o procedimento de colocação, a água absorvida na resina pode vaporizar-se durante o ciclo de cura e os subprodutos gasosos da reação de cura podem ser libertados durante a cura.

A delaminação ou as camadas separadas podem surgir durante o processamento como resultado do transporte de bolhas de gás, emitidas pela resina enquanto está a ser curada, para a interface entre camadas. Se um número suficiente de vazios se acumular na interface, é produzida uma delaminação. Além disso, a sujidade, a gordura ou outros contaminantes na superfície das camadas preparadas durante a colocação podem impedir a ligação e a consolidação das camadas.

As tensões residuais surgem nos materiais compósitos devido ao desfasamento da expansão térmica entre os constituintes. À medida que o material é arrefecido a partir das temperaturas de processamento, esta diferença na expansão térmica leva à acumulação de tensões residuais. Se o desfasamento for demasiado grande ou se a temperatura de processamento for demasiado elevada, as tensões residuais podem levar à fissuração da matriz durante o arrefecimento.

Se a consolidação não for efectuada corretamente, podem ocorrer bolsas de falta de resina ou bolsas ricas em resina. A fome de resina é observada quando a pressão aplicada é demasiado elevada, fazendo com que demasiada resina seja espremida para fora do material. Se for aplicada uma pressão demasiado baixa ou se o fluxo de resina do material não for uniforme, podem ser criadas regiões ricas em resina. Estas regiões são áreas fracas para o compósito e podem, em última análise, ser o local de início da falha final. A energia libertada pela resina durante a cura é aproveitada no interior do material e a temperatura local pode subir para níveis muito elevados, conduzindo, em última análise, à decomposição térmica da matriz. A Fig. 1.3 mostra uma peça deste tipo com várias regiões de defeito assinaladas.

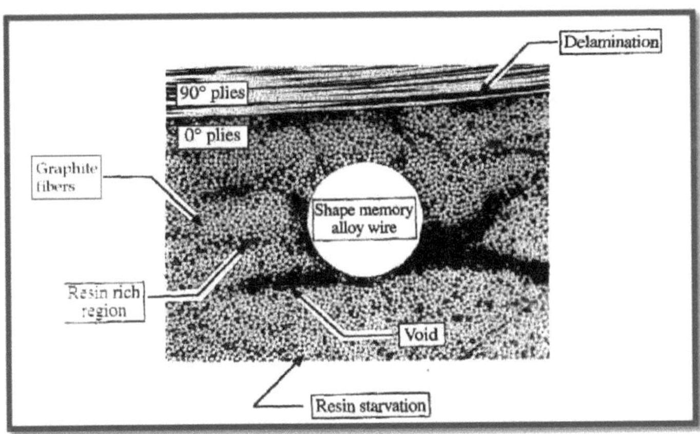

A figura 1.3 mostra as várias regiões com defeitos

1.3.2 Microfissuração da matriz

As microfissuras da matriz foram encontradas devido ao teor de vazios, que é um fator que determina a quantidade de microfissuras que se desenvolvem. **(Varna, et al, 1994)** observaram que os laminados de viniléster reforçados com fibra de vidro com menor teor de vazios desenvolviam menos microfissuras do que os laminados com maior teor. O efeito imediato das microfissuras é causar a degradação das propriedades mecânicas e térmicas do laminado, incluindo a alteração do módulo efetivo, do coeficiente de Poisson e do coeficiente de expansão térmica.

Para além disso, a fissuração da matriz pode induzir a delaminação, o que leva à rutura das fibras ou proporciona vias para a entrada de líquidos corrosivos. Estes danos podem subsequentemente levar à rotura do laminado **(Nairn, et al, 1993; Nairn, 2000)**.

Muitos investigadores efectuaram numerosos estudos sobre a fissuração da matriz de laminados compósitos sob uma variedade de cargas e condições ambientais. **(Aveston e Kelly, 1973)** investigaram fissuras múltiplas num compósito de fibras contínuas. Verificaram que as fissuras múltiplas apareciam quando o compósito falhava a uma tensão inferior à da fibra. Derivaram uma teoria (teoria da fratura múltipla) para calcular a tensão de corte na interface entre a fibra e a matriz. **(Garrelt e Bailey, 1977 e Bailey et al, 1979)** modificaram a teoria da fratura múltipla para estudar o efeito da espessura das camadas na fissuração transversal da matriz em laminados de camadas cruzadas.

(Jones e Hull, 1979), examinaram as microfissuras da matriz em tubos enrolados em filamentos utilizando uma técnica microscópica padrão. Classificaram as microfissuras em transversais, paralelas ou intralaminares, e transversais oblíquas. **(Smith et al, 1985)** concebeu um pequeno equipamento de tração para testar uma pequena amostra dentro de um microscópio eletrónico de varrimento (SEM), para fazer observações directas de microfissuras da matriz em vários materiais poliméricos. Observaram que a maioria das fissuras se iniciava perto do centro da camada transversal, na interface fibra-matriz, numa região de elevada concentração de tensão

1.3.2.1 Efeito da fissuração da matriz no módulo efetivo dos laminados

O principal efeito macroscópico da fissuração da matriz nas propriedades dos laminados compósitos é uma degradação da rigidez devido à redistribuição de tensões e variações de deformação no laminado fissurado. Verificou-se que a deformação média global do laminado fissurado é superior à deformação uniforme do laminado não fissurado. Este facto acresce à redução da rigidez subjacente à deformação média **(Talreja, 1985)**.

(Ramesh, 1986) estudou as propriedades de rigidez de laminados compósitos com fissuração da matriz e delaminação interior; considerando que a simulação de danos em laminados compósitos tem dois modos; o primeiro modo é a fissuração da matriz e o segundo modo é a delaminação interior. Utilizou uma representação vetorial do dano como variável interna numa teoria fenomenológica. Encontrou relações que mostram que o dano intralaminar (fissuração da matriz) reduz todos os módulos elásticos e altera a simetria ortotrópica inicial de um laminado; enquanto o dano de delaminação interior não altera a simetria, mas reduz os módulos; além disso, comparou a alteração dos módulos elásticos com resultados experimentais, mostrando uma excelente concordância.

(Joffe e Varna, 1999) estudaram a modelação analítica da redução da rigidez em laminados simétricos e equilibrados devido a fissuras em camadas de 90°. Foram analisados laminados simétricos de configuração $[S,90_n]_s$ contendo fissuras na camada de 90°. Um sub-laminado (S) adjacente a uma camada de 90° pode ter uma estrutura interna complexa que resulta em macropropriedades ortotrópicas. Além disso, são apresentadas expressões de forma fechada que relacionam as alterações de rigidez com a densidade de fendas transversais. Estas expressões contêm apenas as propriedades do material, a geometria do laminado e uma função de perturbação da tensão que é proporcional à CQO média normalizada. Geralmente, utilizaram modelos de distribuição de tensões (atraso de cisalhamento, baseado em análise de variação, FEA). Compararam as previsões com dados experimentais para [±θ, 90 $^0_4$]$_s$, θ=0,15,30,40 laminados GF/EP. Em geral, chegaram à conclusão que [FEA] subestima ligeiramente a redução da rigidez.

Nos últimos anos, foram desenvolvidos vários modelos para avaliar a perda de rigidez em laminados fissurados. A maioria destes modelos baseia-se nos métodos de cisalhamento, variação ou contínuo. **(Highsmith e Reifsnider, 1982)** utilizaram uma abordagem de corte-deslizamento para prever a redução da rigidez causada pela fissuração transversal. Verificaram que a redução da rigidez dependia da espessura da lona e da densidade de fissuras (número de fissuras por unidade de comprimento). A relação entre a redução da rigidez e a densidade de fissuras é aproximadamente exponencial, em que a rigidez diminui à medida que a densidade de fissuras aumenta até esta atingir um estado saturado ou estável. **(Hashin, 1986)** utilizou a abordagem variacional para analisar o problema da redução da rigidez em laminados de camadas cruzadas fissuradas sob tensão e cisalhamento.

Assumiu que a tensão normal na direção da carga é constante ao longo da espessura da folha. As expressões de redução da rigidez para os módulos de Young e de cisalhamento foram avaliadas com base na constrição dos campos de tensão admissíveis e no princípio da energia complementar mínima. Os resultados previstos estavam em boa concordância com os dados experimentais.

A análise de elementos finitos tem sido considerada como um dos métodos numéricos mais eficazes para fornecer uma solução prática relacionada com a redução da rigidez de laminados compósitos. **(Renard et al, 1993)** propôs um modelo para prever alterações nos diferentes tipos de rigidez que caracterizam o comportamento do material danificado. Ele assumiu que a rigidez na direção das fibras era aproximadamente constante.

Uma simulação da fissuração da matriz observada em experiências com um laminado quase isotrópico [0°/90°/±45°]$_s$ foi desenvolvida por **(Tong et at, 1997)** utilizando os modelos generalizados de deformação plana e de elementos finitos. A redução da rigidez foi prevista e comparada com resultados experimentais. Concluíram que as principais contribuições para a redução da rigidez provinham das camadas 90 e ±45. **(Tao e Sun, 1996; Sun e Tao, 1998)** propuseram um modelo de elementos finitos e um método experimental para investigar a redução da rigidez de um laminado fissurado.

Recentemente, **(zamzam,2015)** apresentou o estudo do módulo transversal normalizado (E_2/E_2^0) versus a densidade de fissuras sem dimensão (p) para furos com defeitos de 20mm, 15mm e 10mm. Observa-se que as curvas diminuem com o aumento da densidade de fissuras. Esta diminuição está relacionada com a degradação do módulo devido às fissuras da matriz.

1.3.3 Delaminação

Os danos por delaminação ou fissuras interlaminar em laminados compósitos ocorrem como uma separação entre duas camadas adjacentes. Estes danos podem afetar significativamente a integridade do tubo quando se tornam suficientemente graves e podem causar outros danos, como a infiltração ou a rutura de fibras **(Hull et al, 1978; Jones e Hull, 1979)**. Além disso, devido ao fluido pressurizado no sistema de tubagem, ocorre uma separação entre o metal e a superfície do compósito.

A delaminação em tubos compósitos pode ocorrer em várias condições, normalmente como consequência de fissuração transversal da matriz, defeitos de fabrico (má ligação entre as peças), consequências do fabrico (tensão residual), impacto do transporte e efeitos ambientais durante a vida útil **(Rasheed et al, 2002)**.

Foram efectuados numerosos estudos experimentais e teóricos sobre danos por delaminação. Por exemplo, **(Jones e Hull, 1979)** efectuaram um exame microscópico de tubos compósitos de filamentos que falharam sob carga biaxial. Observaram que a delaminação ocorria geralmente no lado de compressão dos tubos quando estes se deformavam durante o ensaio.

(Hull et al, 1978) verificaram que a delaminação nos tubos ocorria entre camadas adjacentes de fibras enroladas em ângulos diferentes e aparecia como grandes trajectos de regiões uniformemente brancas na parede do tubo. **(Pagano e Schoeppre, 2000)** apresentaram um estudo dos fenómenos de delaminação.

1.3.4 Weepage

A infiltração é uma falha de fuga do laminado compósito ligado devido à pressão interna, ou seja, à penetração do fluido na parede do tubo. Este tipo de fuga resulta de danos progressivos produzidos por microfissuras. Assim, cria-se um trajeto de fissuras através da espessura antes da perda total da estrutura. O mecanismo de falha por infiltração foi observado por muitos investigadores. **(Hull et al, 1978)** e **(Jones e Hull, 1979)**, descobriram que ±55 tubos compósitos enrolados em filamentos, que foram testados com carga biaxial 2:1, falharam devido a infiltração. Esta infiltração estava associada à fissuração transversal da resina e da interface resina/matriz e ocorreu a cerca de 20% da tensão de rotura em ensaios de curta duração. (Rosenow, 1984), observou a falha por infiltração quando testou tubos compósitos enrolados em filamentos com diferentes ângulos de enrolamento sob carga de pressão biaxial.

1.3.5 Quebra de fibra

A rotura da fibra ocorre quando as tensões excedem a resistência da fibra mais fraca do compósito. **(Spencer e Hull, 1978)** investigaram a rotação das fibras de tubos compósitos enrolados em filamentos com ângulos de enrolamento de 35, 45, 55, 65 e 75. Concluiu-se que a microfissuração da matriz ocorreu até à pressão de infiltração sem qualquer rotação significativa das fibras.

Após a infiltração, a microfissuração da matriz tornou-se extensa e, sob pressão interna com as extremidades fechadas, o ângulo da fibra rodou em direção ao ângulo ideal de 55. A fratura final pareceu envolver a encurvadura das fibras e subsequente fratura. **(Soden et al, 1993)** testaram os tubos com revestimento de borracha para que não houvesse infiltração. Verificaram que os espécimes falharam por rutura dentro do comprimento do calibre e a maioria deles apresentou fissuras pronunciadas na resina, delaminação e deformação considerável antes de ocorrer a falha final.

CAPÍTULO 2

revisão da literatura sobre materiais compósitos

Este capítulo apresenta uma revisão da literatura relacionada com o estudo das propriedades mecânicas, incluindo os métodos de ensaio e os métodos diferenciais de utilização da fibra e da resina no material compósito.

2.1. Análise experimental

(Ali,2009), foi estudado o efeito da alteração da percentagem de reforço por fibras nas propriedades mecânicas, para o material compósito constituído por resina epóxi conbextra (EP-10) reforçada por fibras de kevlar tecidas biaxialmente *(0° - 45°)* com densidade (340 g/cm3) que incluiu resistência ao impacto, resistência à tração, resistência à flexão e dureza, tendo as propriedades mecânicas sido extraídas para a resina de fenol-formaldeído antes do reforço com fibras, e depois reforçadas com diferentes percentagens de peso de fibras de Kevlar (20%, 40%, 60%) e estudado o seu efeito nas propriedades mecânicas.

(Ali, etal,2012), foram aplicadas pastilhas e pó de cobre que são utilizados como fase de reforço na matriz de poliéster para formar compósitos. As propriedades mecânicas, tais como a resistência à flexão e o ensaio de impacto do reforço de polímero com cobre (pó e aparas), foram realizadas. A resistência à flexão máxima obtida para o reforço de polímero com cobre (pó e aparas) é de (85,13 Mpa) e (50,08 Mpa), respetivamente, enquanto a energia máxima de observação do ensaio de impacto para o reforço de polímero com cobre (pó e aparas) é de (0,85 J) e (0,4 J), respetivamente.

(Huda,2012), foram estudadas as propriedades mecânicas, tais como, o módulo de Yong (E), a resistência ao impacto (I.S), a dureza Brinell (B.H) e a resistência à compressão (C.S) do poliéster reforçado com 20% (v/v) de fibra de vidro tecida aleatoriamente E-glass . Obteve-se que a resistência ao stress do poliéster reforçado e as suas propriedades mecânicas foram melhoradas, bem como o efeito das soluções ácidas como (HCl, HNO3, H2SO4) em diferentes concentrações, que foi estudado em algumas propriedades físicas (absorvância e coeficiente de difusão) do poliéster antes e depois do reforço. Para além disso, os resultados revelaram uma melhoria óbvia nas suas propriedades físicas.

(Khansaa, etal, 2014), foram apresentados estudos sobre a preparação de materiais compósitos que consistiam em poliéster como matriz e BR4RC como material aditivo com tamanho de grão igual a 25um com diferentes fracções de peso (10%, 20%, 30%, 40%, 50%). Esta investigação foi efectuada em duas fases: a primeira fase consiste em produzir o material compósito, enquanto a segunda fase consiste em testar o novo material, o que inclui ensaios de tração, dureza e avaliação da microestrutura. Também foram tiradas fotomicrografias com um microscópio comum. Os resultados mostraram uma melhoria evidente nas propriedades do novo material compósito, especialmente na fração de peso de (40% , 50%).

2.2. Objectivos do presente estudo

A partir da revisão da literatura acima referida, concluiu-se que é necessário apoiar a investigação sobre as propriedades mecânicas dos materiais compósitos, utilizando outros parâmetros, tais como diferentes sistemas de fibras e resinas com diferentes disposições de fibras. Além disso, foram comparados os tipos de fibras de vidro Eglass em termos de propriedades mecânicas, como o ensaio de tração, o ensaio de impacto e o ensaio de dureza Rockwell. Caso contrário, será necessário fabricar estes laminados de materiais compósitos utilizando a estratificação.

CAPÍTULO 3

MÉTODOS EXPREMINTAIS

3.1 Introdução

Este capítulo explica todos os métodos experimentais da investigação, incluindo a preparação dos espécimes e o programa experimental.

3.2 Preparação de espécimes

3.2.1 Seleção de materiais

3.2.1.1 Fibra

A Figura 3.1 mostra uma fotografia dos tipos de fibra de vidro E: ECR woven roving com (600 g/m^2) e EEMC chopped strand mat com (ISO3374 g/m^2) que foram calculados utilizando o código do produto que foi utilizado no fabrico dos materiais compósitos.

A figura 3.1. mostra uma fotografia de fibras de vidro do tipo E

3.2.1.2 Resina

Scott-Bader, critica 123Pa (resina de poliéster isoftálica resistente a produtos químicos não acelerada), como indicado na Fig.3.2.

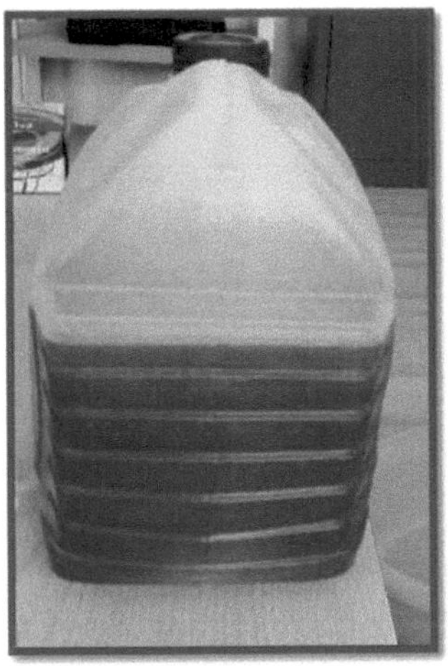

A figura 3.2. mostra uma fotografia de uma resina de poliéster

3.2.1.3 Endurecedor

Mistura líquida de peróxido de metiletilcetona cetona Akperox, alta atividade, como mostra a Fig.3.3

A figura 3.3. mostra uma fotografia do endurecedor.

3.2.2. Fornecimento de materiais de fabrico

Os materiais de fabrico (fibra de vidro E) foram fornecidos pela Libya Glass (LG). A resina e o endurecedor foram produzidos pela Libya Glass(LG) da Fiber glass and Chemical Industries and Trading. Além disso, os tipos de fibra de vidro E eram produtos com o código ECRWR 600-125 e EEMC 450-1000/1250/1270.

3.2.3. Modelos de espécimes

A Figura 3.4 (a-b) mostra um diagrama esquemático das configurações de fibra do fabrico de material compósito laminado de mechas tecidas utilizando o método de disposição em camadas, enquanto a Figura 3.5 mostra o mesmo cenário do modelo de tapete de fios cortados do método de disposição em camadas.

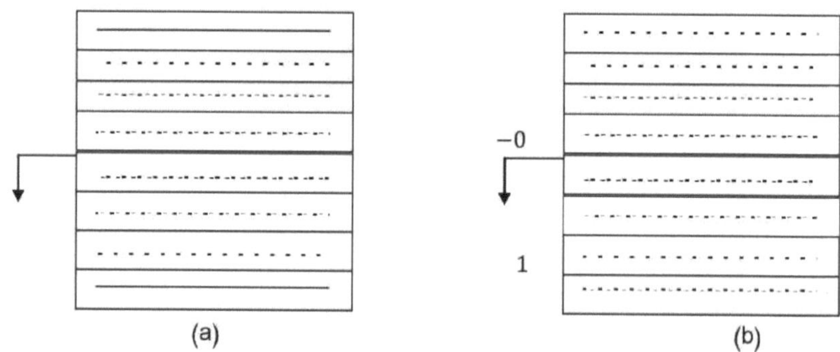

(a)

(b)

A figura 3.4 mostra um diagrama esquemático da disposição das camadas de mecha tecida (simétrica)

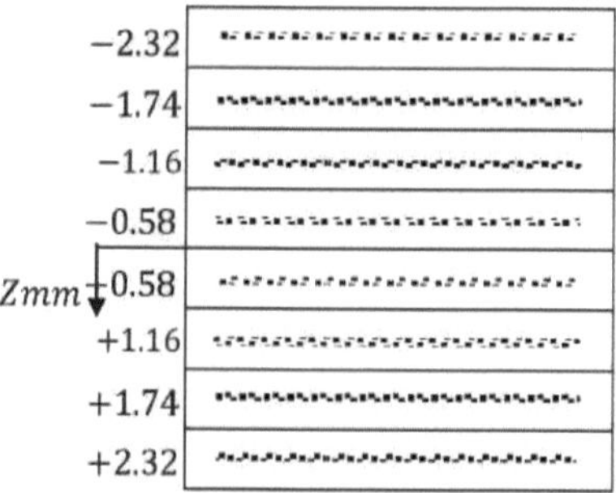

A figura 3.5 mostra um diagrama esquemático de um painel de esteira cortado (simétrico)

3.3. Programa de experiências

3.3.1 Configuração dos ensaios e métodos experimentais

3.3.1.1 Fabrico de laminado compósito de vidro E/poliéster

Para determinar as propriedades mecânicas do material compósito que serão utilizadas para comparar os tipos de fibras, foi fabricado um laminado compósito quasi-isotrópico $[0°/90°/\pm45°]_s$, $[\pm30°/\pm60°]_s$ e um tapete cortado, tal como ilustrado na secção 3.2.2, com uma dimensão de 350 mm x 350 mm, utilizando o método de colocação manual **(Hyber, 1998)**.

A figura (3.6) mostra o método de colocação manual, que começa por cortar a fibra de vidro Eglass numa dimensão limitada com uma orientação de fibra de $[0°,90°]$ e colocar uma primeira camada numa mesa de trabalho lisa, molhando-a depois com resina de poliéster utilizando um pequeno rolo. Cortar a segunda camada com uma orientação de fibra de $\pm\,45°$ e colocá-la sobre a primeira camada e molhá-la novamente com resina de poliéster com um pequeno rolo até que toda a resina fique impregnada na fibra. Repetir este procedimento com a orientação $[0°/90°/\pm45°]_s$ até obter a espessura pretendida, como se mostra na Fig. 3.7. Na última camada, certificar-se de que todos os vazios de ar são removidos. Colocar uma folha lisa sobre a última camada e pesá-la utilizando uma balança adequada. Deixar o laminado húmido a curar à temperatura ambiente durante 24 horas. Caso contrário, o mesmo cenário de fabrico é utilizado para $[\pm30°/\pm60°]_s$, e o tapete cortado, como se mostra na Fig(3.8).

A figura.3.6-a mostra o mecanismo de arranque na mesa de trabalho

A figura .3.6-b mostra como preparar a fibra na mesa de trabalho

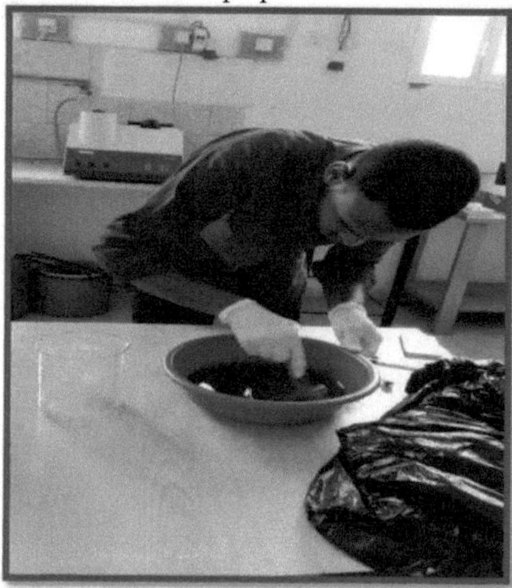

Figura. 3.7-a Mostra uma fotografia da preparação da resina

A figura.3.7-b mostra uma fotografia do mecanismo de fabrico

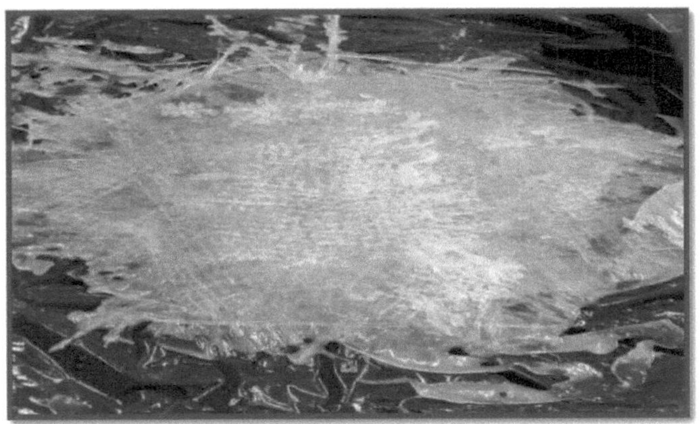

A figura 3.8-a mostra o laminado de mechas tecidas

A figura 3.8-b mostra o laminado de tapete cortado.

3.3.1.2 Determinação da resistência à tração do laminado compósito

A fim de determinar a resistência à tração do laminado compósito, foram cortadas três amostras do laminado anterior, de acordo com o método de ensaio do laminado compósito de **(Curtis, 1988)**, conforme ilustrado na secção 3.3.1.1. 3.9.

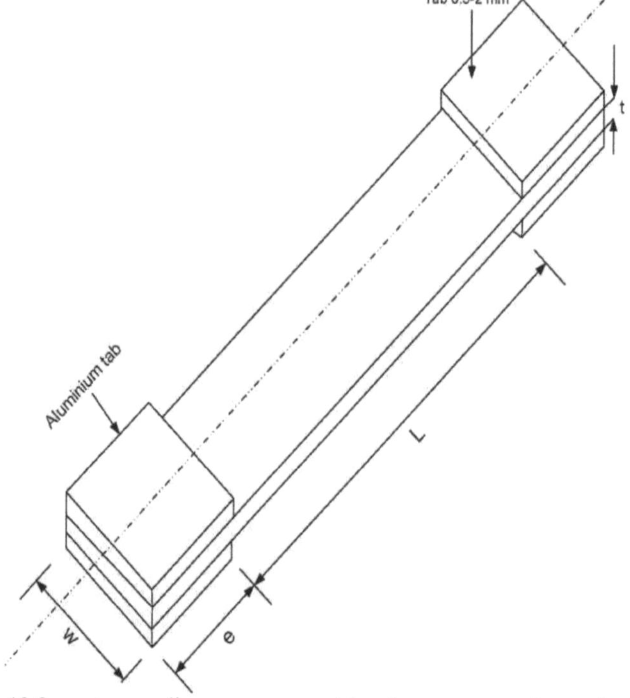

A Figura 13.9 mostra um diagrama esquemático de um provete de ensaio de tração

Cada amostra foi equipada com pequenas chapas rectangulares de alumínio nas suas extremidades para as garras da máquina. As amostras devem ser cuidadosamente alinhadas nas garras da máquina de ensaio para evitar a flexão induzida da amostra. Todas as amostras são geometricamente semelhantes (L=150mm, e=50mm, w=26mm, t=depende do tipo de fibra de vidro E, como ilustrado na secção 3.2.2), como se mostra na Fig(3.10).

A Figura 3.10-a mostra uma fotografia dos provetes para o ensaio de tração

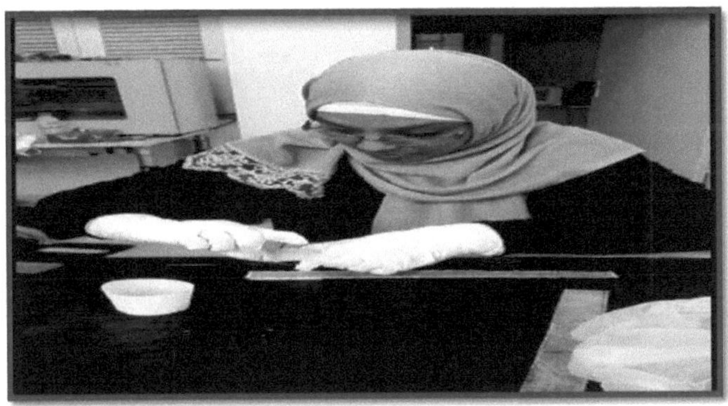

A Figura 3.10-b mostra uma fotografia do mecanismo de fixação das folhas de alumínio nos provetes.

A Figura 3.10 (a-b) mostra fotografias de espécimes do laminado compósito de fibra de vidro.

O primeiro passo do ensaio consiste em fixar o provete no equipamento de ensaio, como se mostra na Fig. 3.11, e aumentar a carga uniformemente, registando a taxa de carga com os dados de deformação através do indicador de carga e do medidor de deformação, respetivamente, até à rutura.

A figura 3.11. mostra uma fotografia do provete fixado no equipamento

Assim, a resistência à tração do provete liso é dada por **(zamzam,2015)** :

$$S = P/w * t_T \qquad\qquad (3.1)$$

Onde

e: Comprimento das patilhas de extremidade.

t: Espessura medida do provete.

w: Largura medida do provete.

L : Comprimento livre.

P: Carga à rotura.

S_T : Resistência à tração.

3.3.1.3 Determinação da dureza do laminado compósito

Para determinar a dureza do laminado compósito, foram cortadas duas amostras do laminado anterior, de acordo com o método de ensaio do laminado compósito de **(Curtis, 1988)**, conforme ilustrado na secção 3.3.1.1. A dimensão da amostra de tapete cortado é de 20 mm x 20 mm com uma espessura de 7 mm, enquanto que a dimensão da amostra de mechas tecidas é de 20 mm x 20 mm com uma espessura de 5 mm e uma orientação $[0°/90°/\pm 45°]_s$, conforme ilustrado na Figura 3.12.

(a) mostra a fotografia do espécime de roving tecido. (b) mostra a fotografia do provete de tapete cortado

A figura. 3.12. mostra fotos de espécimes do ensaio de dureza.

O primeiro passo foi a fixação do espécime no equipamento de dureza Rockwell, como se mostra na Fig. 3.13. O ensaio Rockwell determina a dureza medindo a profundidade de penetração de um indentador sob uma grande carga, em comparação com a penetração efectuada por uma pré-carga. Existem diferentes escalas, indicadas por uma única letra, que utilizam diferentes cargas ou indentadores. O resultado é um número sem dimensão indicado como HRA, HRB, HRC, etc., em que a última letra corresponde à respectiva escala Rockwell.

A Figura 3.13. mostra uma fotografia do provete fixado no equipamento.

3.3.1.3 Determinação da tenacidade do laminado compósito

Para determinar a tenacidade do laminado compósito, foram cortadas três amostras do laminado anterior, de acordo com o método de ensaio do laminado compósito de **(Curtis, 1988)**, conforme ilustrado na secção 3.3.1.1. A dimensão da amostra de tapete cortado é de 55 mm x 10 mm com uma espessura de 7,6 mm, enquanto que a dimensão da amostra de mechas tecidas é de 55 mm x 10 mm com uma espessura de 5,8 mm e uma orientação $[0°/90°/\pm 45°]_s$, conforme ilustrado na Figura 3.14.

(a) mostra uma fotografia do provete de tapete cortado.

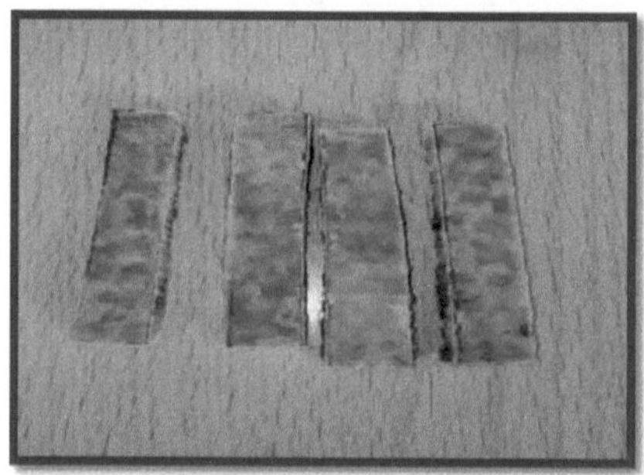

(b) mostra uma fotografia do espécime de mecha tecida.

Figura. 3.14. mostra fotos de amostras do ensaio de dureza O primeiro passo do ensaio foi a fixação da amostra na máquina Charpy, como mostra a Fig. 3.15. O ensaio de impacto Charpy determina a quantidade de energia absorvida por um material durante a fratura. Esta energia absorvida é uma medida da tenacidade do material compósito. O aparelho consiste num pêndulo de massa e comprimento conhecidos, que é largado de uma altura conhecida para embater numa amostra entalhada de material compósito. A energia transferida para o material compósito pode ser inferida comparando a diferença na altura do martelo antes e depois da fratura (energia absorvida pelo evento de fratura).

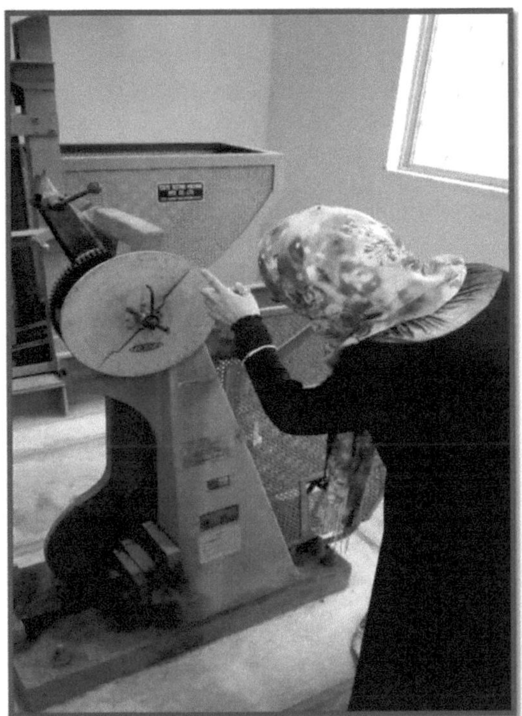

A Figura 3.15. mostra uma fotografia do provete fixado no equipamento.

CAPÍTULO 4

RESULTADOS E DISCUSSÃO

Neste capítulo, são apresentados os resultados das curvas tensão-deformação. Os resultados experimentais de dureza e os resultados experimentais de tenacidade. São apresentados os modos de rotura do material compósito.

4.1. As curvas tensão-deformação

F As figuras 4.1-4.3 mostram as curvas de tensão-deformação axiais modeladas experimentalmente, tal como descrito na secção 3.3.1.2, para o laminado compósito quase isotrópico que foi utilizado no fabrico. Pode ser demonstrado que as curvas experimentais nas fases iniciais são lineares, apresentando depois um comportamento não linear e tornando-se depois lineares até à rotura. Para além disso, pode ser observado em $[0°/90°/\pm 45°]_s$ que, após o comportamento linear, se segue um comportamento estável sem falha. A tensão máxima de rotura foi de 124,363 Mpa e o curso de rotura foi de 23,25 *mm* do tapete cortado, enquanto que a mecha tecida de $[0°/90°/\pm 45°]_s$ foi de cerca de 28,856 *Mpa* e o curso de rotura foi infinito, e a mecha tecida de $[\pm 30°/\pm 60°]_s$ foi de 118,586 *Mpa* e o curso de rotura foi de 12,8 *mm*. A não linearidade da curva experimental está provavelmente relacionada com a fissuração da matriz através da espessura do laminado compósito. A não-linearidade devida a fissuras na matriz está bem documentada na literatura **(Petit e Waddoups, 1969; Nahas, 1984; Saied e Shuaeib, 2007)**. O efeito imediato das microfissuras é causar a degradação da rigidez devido à redistribuição das tensões e à variação da deformação no laminado fissurado **(Talreja, 1985)**. As fissuras na matriz podem induzir a delaminação, o que leva à rutura das fibras e pode conduzir à falha do laminado. As curvas experimentais podem ser observadas com deformações elevadas até à rotura. Este facto deve-se provavelmente a outros danos, como as macrofissuras da matriz de delaminação.

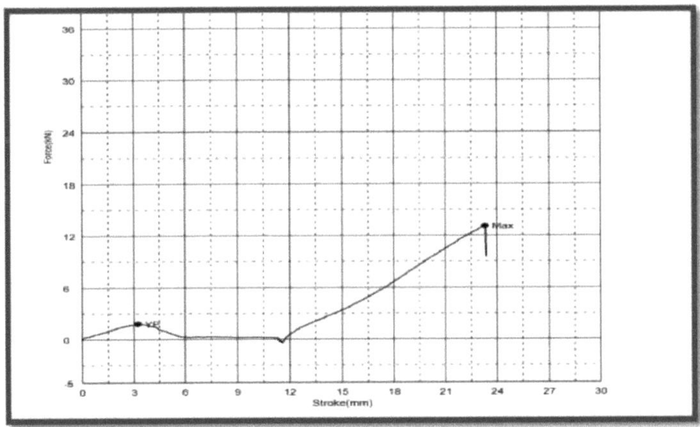

A Figura 4.1 mostra a relação entre a tensão axial e a deformação axial do tapete cortado.

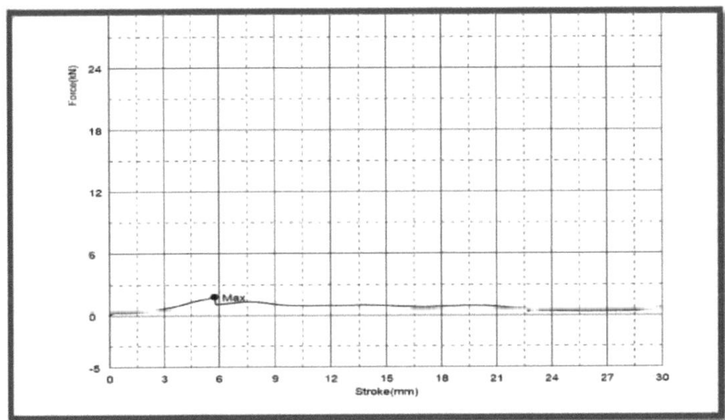

A figura 4.2 mostra a relação entre a tensão axial e a deformação axial da mecha tecida a

$$[0°/90°/\pm 45°]_s\,.$$

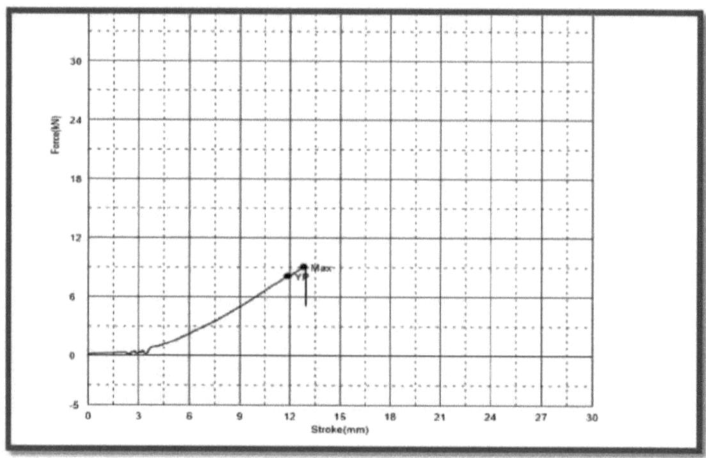

A Figura 4.3 mostra a relação entre a tensão axial e a deformação axial da mecha tecida a
$[\pm 30°/\pm 60°]_s$.

4.2. Os resultados experimentais da dureza

A Tabela 4.1 mostra os resultados experimentais da dureza, tal como descrito na
secção 3.3.I.3. Pode observar-se que o aumento do valor da dureza é de 93 com o aumento
do volume da fração de fibra, assim como o comprimento da fibra que foi comparado com o
tapete cortado.

Tabela 4.1. Resultados da dureza Rockwell para o material compósito.

Composite material (E-glass)	Hardness H.R.C
woven roving $[0°/90°/\pm 45°]_s$	93
chopped mat	80

4.3. Os resultados experimentais da tenacidade

O quadro 4.2 apresenta os resultados experimentais da tenacidade descritos na secção
3.3.I.4. Pode observar-se que não existe uma diferença clara entre o roving tecido e o tapete
cortado pelo mesmo tipo de fibra (E-vidro) que é utilizado durante o fabrico.

Tabela 4.2. Resultados da tenacidade para materiais compósitos.

Composite material(E-glass)	Energy of Fracture (*J*)
woven roving $[0^{o}/90^{o}/\pm 45^{o}]_{s}$	29.7
chopped mat	29.5

4.4 Modos de falha

Foram observados dois modos de falha, nomeadamente: o modo de rutura da fibra e o modo de delaminação. O modo de rutura da fibra foi exibido pela maioria dos espécimes de tração. A Figura 4.4 mostra uma fotografia de três provetes testados. O ensaio de tração foi efectuado em provetes fabricados com tapete cortado, roving tecido $[0°/90°/\pm 45°]_s$ e roving tecido $[\pm 30°/\pm 60°]_s$. Observou-se que todos os espécimes falharam por rutura de fibras perto das extremidades e também um espécime no centro.

O modo de delaminação é ilustrado na Fig.4.5. Observou-se que os espécimes falharam no tapete cortado e na mecha tecida $[0°/90°/\pm 45°]_s$ devido ao ensaio de impacto

A Figura 4.4 mostra uma fotografia de espécimes que falharam no ensaio de tração

A figura 4.5 mostra uma fotografia de espécimes que falharam no ensaio de impacto

CAPÍTULO 5

CONCLUSÕES e TRABALHOS FUTUROS

5.1 Conclusões

- O estudo mostrou que os materiais compósitos têm boas propriedades mecânicas úteis para reparar tubos metálicos defeituosos que são utilizados na indústria do petróleo e do gás com um custo efetivo mínimo.

- As curvas experimentais de tensão-deformação dos espécimes ensaiados não são lineares.

- Foram observadas rupturas de fibras e delaminação nos espécimes que falharam.

- O fabrico de material compósito por estratificação pode ser conhecido pelas propriedades dos tipos de fibra e de resina.

- A tensão de cedência da mecha tecida a $[\pm 30°/\pm 60°]_s$ foi a mais elevada, *52,5323Mpa* .

- O comportamento de não linearidade da mecha tecida a $[0°/90°/\pm 45°]_s$ é contínuo sem falhas.

- A tensão final máxima foi observada no tapete cortado 124,363Mpn.

- O valor máximo de dureza foi observado a $[0°/90°/\pm 45°]_s$ H.R.C 93

- O valor da energia de fratura foi aproximadamente correspondente ao do tapete cortado e da mecha tecida a $[0°/90°/\pm 45°]_s$ 29,5J

- A maior tenacidade foi observada na mecha tecida a $[0°/90°/\pm 45°]_s$

5.2. Trabalho futuro

- Neste estudo, apenas foram investigados alguns tipos de fibra de vidro E. É necessário estudar outros tipos de fibra de vidro E, tais como roving, tecido e tecidos combinados.

- Neste estudo, apenas foi aplicado um método de fabrico. É necessário estudar outros tipos de fabrico, como o enrolamento de filamentos e a moldagem.

- É necessário investigar outros tipos de fibras e de resina, para compreender o seu efeito no desempenho dos tubos reparados.

- O estudo da análise microscópica do material compósito.

- Finalmente, estudar o efeito da espessura do material compósito.

REFERÊNCIAS

Referências em inglês

- Aveston, J., and, Kelly, A. (1973) *"Theory of Multiple Fractures of Fibrous Composites "* Journal of Materials Science, vol.8, pp. 352-362

- Birley, A. W., e Schott, M.J (1982) *"Plastic Materials: Properties and Applications"* Primeira edição, Blackia and Son Ltd,

- Curtis, P. T. (1988) *"Crag Test Methods for Measurement of the Engineering Properties of Fiber Reinforced Plastics".* Controller HMS6 London,x.

- Derham, C. J., e Thomson, B (2003) *"Mechanisms of Explosive (rapid gas) Decompression and Related Phenomena in Elastomers (rubbers) and Thermoplastics".* Londres, Reino Unido, 3-4 de novembro, pp. 726.

- Folkers, J. L, Freidrich, R. S. e Fortune, M. (1997) *"High Performance Phenolic Piping for Oilfield Applications.* Procedimentos da Conferência Anual, Associação Nacional de Engenheiros de Corrosão",.

- Forst, S. R. (1998) *"Applications of Polymer Composites within the Oil Industry"* Seventh International Conference on Fiber Reinforced Composites, Ed by A.G. Gibson, University of Newcastle upon Tyne, pp. 84-91.

- Frost,S. and Lee, R (2003) *"Composite Over-warps for Piping System and Pressure Vessel System Repair".* The 4th MERL international conference, 3-4 November, 2003, pp 99-111, Institute of Electric Engineering, London, UK.

- Gibson, A. G., Saied, R. O., Evans, J. T. e Hale, J. M. (2003) *"Failure Envelopes for Glass Fiber Pipes in Water up to 160°C.* Universidade de Newcastle upon Tyne", Reino Unido, 3-4-novembro, 2003, pp.163-177.

- Gibson, A. G. (2000) *"Composite Material in Offshore Industry*

- Capítulo 6.23 de Comprehensive Composite Materials, Eds. A. Kelly e C. Zweben. Elsevier"

- Hashin, Z. (1986) *"Analysis of Stiffness Reduction of Cracked CrossPly Laminates.* Engineering Fracture Mechanics", Vol.25, , pp.771-778.

- Highsmith, A. L. e Reifsnider, K. L. (1982) *"Stiffness Reduction Mechanisms in Composite Laminate".* Damage in Composite Materials (Danos em materiais compósitos), ASTM STP 775, K. L., Ed. Reifsnider, ,pp.103-117.

o Hull, D., Legg, M. J., e Spencer, B. (1978) *"Failure of Glass/Polyester Filament Wound Pipe"*. Composite, janeiro, ,pp.17-24.

o Hull, D. (1981) *"An Introduction to composite materials"* Cambridge University Press, First Edition,.

o Hyer, M.W.(1998) *"Stress Analysis of Fiber-Reinforced Composite Materials Mechanical Engineering Series"*, McGAW-Hill International Editions,.

o Joffe, R., Varna, J. (1999) *"Analytical Modeling of Stiffness Reduction in Symmetric and Balanced Laminates due to Cracks in 90° Layers"*. Composite Science and Technology, 8 de janeiro de 1999, pp. 1641-1652.

o Jones, M. L. C., and Hull, D. (1979) *"Microscopy of Failure Mechanisms in Filament Wound Pipes"* . Journal of Materials Science", Vol.14, ,pp.165-174.

o Mableson, A. R., Dunn, K. R., Dodds, N., e Gibson, A. G. (2000) *"Refurbishment of steel tubular pipes using composite materials. Plastics, Rubber and composite"* , Vol.29, No.10, ,pp. 558-565.

o MacInally, A., e Miller, A. H. (1998) *"The Use of Epoxy Vinylester Resin System in Marine, Offshore, Chemical and Construction Industries"*. Procedimentos da Sétima Conferência Internacional sobre Compósitos Reforçados com Fibras. Ed. Por A. G. Gibson. G. Gibson, Newcastle Upon Tyne, 7-8 de abril de 1998.

o Mazumdar, S. K. (2002) *"Composites Manufacturing: Materials Product and Process Engineering* CRC press".

o Muzzy, J. D. (2000) *"Thermoplastics-properties"*. Capítulo 2.02 de Comprehensive Composite Materials, Eds. A. Kelly e C. Zweben. Elsevier,.

o Nahas, M.N. (1984) *"Analysis of Non linear Stress-strain Response of Laminated Fibre Reinforced Composite"*. Ciência e Tecnologia das Fibras, Vol. 20, , pp. 297-313.

o Nairn, J. A., Hu, S., e Bark, J. S. (1993) *"A Critical Evaluation of Theories for Predicting Micro Cracking in Composite Laminates"*. Journal Material Science, Vol.28, , pp.5099-5111.

o Nairn, J. A. (2000) *"Matrix Micro-Cracking in Composites"*. Capítulo 2.12 de Comprehensive Composite Materials, Eds. A. Kelly e C. Zweben, Elsevier

o Pagano, N. J., e Schoeppner, G. A. (2000) *"Delamination of Polymer Matrix Composites: Problems and Assessment"*. Capítulo 2.13 de Comprehensive

Composite Materials, Eds. A. Kelly e C. Zweben, Elsevier,.

o Petit, P.H. e Waddoups, M.E. (1969) *"Method of predicting the Non linear Behaviour of Laminated Composite* . Journal of Composite Materials", Vo. 3, , pp. 2-19.

o Powell, P. C. (1983) *"Engineering with polymers"*. Primeira Edição, , Publicado nos EUA por Chapman and Hall.

o Rasheed, H.A. and Tassoulas,J.L. (2002) *"Collapse of Composite Rings due to Delamination Buckling under External Pressure"*. Journal of Engineering Mechanics, Vol.128, No.11, , pp.1174-1181.

o Renard, J., Favre, J.P. and Jeggy, T. (1993) *"Influence of Transverse Cracking on Ply Behaviour: Introdução de uma variável de dano caraterística"*. Composite Science and Technology, Vol.46, , pp.29-37.

o Roger.M. (2010) *"Fiberglass Boat Repairs Illustrated" (Reparações de barcos em fibra de vidro ilustradas)*.

Editora; McGraw-Hill, 2010

o Rosenow, M. W. K. (1984) *"Wind Angle Effect in Glass Fiber- Reinforced Polyester Filament Wound Pipes"*. Composites, Vol.15 , pp.144-151.

o Saied, R.O., and Shuaeib, F.M. (2007) *"Modelling of the Nonlinearity of Stress-Strain Curves for Composite Laminates"* Journal of Engineering Research, Issue, pp. 1-14.

o Simon, F., e Richard, L. (2003) *"Composite Over Wraps for Piping System and Pressure Vessel System Repair"*. Londres, Reino Unido, 3-4 de novembro de 2003, pp. 99-111.

o Soden, P. D., Kitching, R., Tse, P. C., Tsavalas,Y. (1993) *"Influence of Winding Angle on the Strength and Deformation of Filament-Wound Composite Tubes Subjected to Uniaxial and Biaxial Loads" [Influência do ângulo de enrolamento na resistência e deformação de tubos compósitos enrolados em filamentos sujeitos a cargas uniaxiais e biaxiais]*. Composite Science and Technology, Vol.46, , pp.363-378.

o Spencer, B., e Hull, D. (1978) *"Effect of Winding Angle on the Failure of Filament Wound Pipe"*. Composites, outubro, pp.263-271.

o Sun, C. T., Tao, J. (1998) *"Prediction of Failure Envelopes and Stress/ Strain Behaviour of Composite Laminates"*. Composite of Science and Technology, Vol.58,

, pp.1125-1136.

o Talreja, R. (1985) *"Transverse Cracking and Stiffness Reduction in Composite Laminates"*. Journal of Composite Materials", Vol.19, , pp.355-375.

o Tao, J. X. e Sun, C.T. (1996) *"Effect of Matrix Cracking on Stiffness of Composite Laminates"*. Mechanics of Composite Materials and Structures", Vol.3, 1996, pp.225-239.

o Tong, J., Guild, F.J., Ogin, S. L. e Smith, P. A. (1997) *"Matrix Crack Growth in Quasi-Isotropic laminates- II. Análise de elementos finitos"*. Composite Science and Technology, Vol.57, ,pp.1537-1545.

o Varna, J., Berglund, L. A., e Lundstrom. (1994) *"Effect of Voids on Damage Mechanics in RTM Laminates Under Tension Loadings"*. Procedimentos da Sexta Conferência Internacional sobre Compósitos Reforçados com Fibras, documento 8.

o Zamzam, A. AL., Ramadan, O. S., Muftah, T. A. e Elarbi, M. B. (2008) *"Repair of Steel Pipes for Oil and Gas Industry Using Composite materials: part I"*. Departamento de Engenharia do Petróleo, Faculdade de Engenharia da Universidade AL-Fateh, fevereiro, 26-28-2008, pp.29-39, Editora; Fundação Internacional da Energia.

o Zamzam Elsharif (2015) *"Repair of Damaged Metal Pipes Using Composite Materials. LAP LAMBERT Academic Publishing"*, ISBN:978-3-659-75975-8,

o Zubaidy, M. N., Chan, J. F. L., Gibson, A. G., e Toll. S. (2000) *"Properties of Orthotropic Glass-Polypropylene Composites Manufactured by Weaving of Prepreg Tapes and Other Routes"*. Plastic, Rubber and Composite, pp.520-526.

Referências árabes

o خنساء داوود، صباح نوري، احلام عبد الامير، ليث حسين(2014) "دارسة الخواص الميكانيكية لنظام بولي استر غير المشبع –كاربيد البورون " The Iraqi Journal For Mechanical And Material Engineering, Vol.14, No1,

o علي إبراهيم الموسوي (2009) "دراسة بعض الخواص الميكانيكية لمادة مركبة بوليميرية مقواة بالألياف" مجلة القادسية للعلوم الهندسية، مجلد 2، العدد 1.

o علي حسين عتيوي، أسيل محمود عبد الله، ليث وضاح اسماعيل(2012) " دراسة بعض الخواص الميكانيكية لمادة ميكانيكية مقواة برايش ومسحوق النحاس " مجلة هندسية،مجلد 18، العدد 5.

o هدى عبد الرزاق يونس البكري (2012) "دراسة الخصائص الميكانيكية لمتراكب البولي استر غير المشبع المدعم بألياف الزجاج المحاكة عشوائيا وتأثير المحاليل الحامضية على بعض خصائصه الفيزيائية" مجلة علوم الرافدين، المجلد 23، العدد 1، ص 129-114.

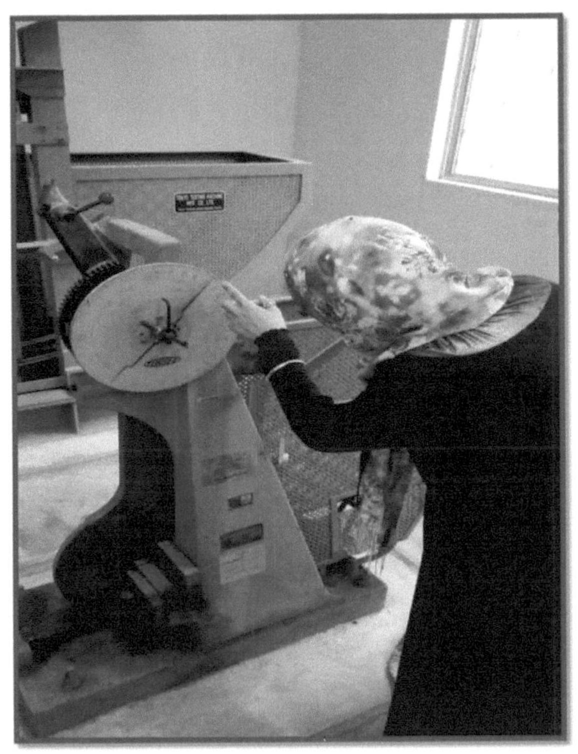

yes
I want morebooks!

Buy your books fast and straightforward online - at one of world's fastest growing online book stores! Environmentally sound due to Print-on-Demand technologies.

Buy your books online at
www.morebooks.shop

Compre os seus livros mais rápido e diretamente na internet, em uma das livrarias on-line com o maior crescimento no mundo! Produção que protege o meio ambiente através das tecnologias de impressão sob demanda.

Compre os seus livros on-line em
www.morebooks.shop

Printed by Books on Demand GmbH, Norderstedt / Germany